思維遊戲大挑戰

數學闖關遊戲

4 突擊電路城

凱瑟琳・凱西 著

哥利・戈比 圖

新雅文化事業有限公司

www.sunya.com.hk

思維遊戲大挑戰

數學闖關遊戲4 突擊電路城

作　　者：凱瑟琳・凱西（Catherine Casey）
繪　　圖：哥利・戈比（Cory Godbey）
翻　　譯：羅睿琪
責任編輯：陳志倩
美術設計：蔡學彰
出　　版：新雅文化事業有限公司
香港英皇道499號北角工業大廈18樓
電話：（852）2138 7998
傳真：（852）2597 4003
網址：http://www.sunya.com.hk
電郵：marketing@sunya.com.hk
發　　行：香港聯合書刊物流有限公司
香港新界大埔汀麗路 36 號
中華商務印刷大廈 3 字樓
電話：（852）2150 2100
傳真：（852）2407 3062
電郵：info@suplogistics.com.hk
印　　刷：中華商務彩色印刷有限公司
香港新界大埔汀麗路36號
版　　次：二〇一九年九月初版

ISBN: 978-962-08-7355-3

冒險指南

你喜歡挑戰需要動腦筋的任務，破解各種謎題與難關嗎？那麼這本書絕對是為你而設！

《突擊電路城》會帶你進入緊張刺激的旅程，因為你會成為故事中的主角。這本書並不像普通圖書般要按照頁碼順序來閱讀，你需要根據提示翻揭書頁，解答書中的難題以尋找出路，直至冒險旅程圓滿結束。

本書的故事由第4頁開始，每一頁都會有指示告訴你接下來應該翻到哪一頁，不過每個挑戰都會有多個答案選項，就像以下這個例子：

A 如果你認為正確答案是A，請翻到第23頁。

B 如果你認為正確答案是B，請翻到第11頁。

你準備好了嗎？馬上翻到下一頁接受挑戰吧！

每個答案選項旁邊都有自己的圖示。你選出答案後，便可翻到相應的頁數，找出代表那個答案的圖示，看看自己是否答對。

即使答錯了也不用擔心，你會得到額外的提示，返回之前的頁數便可再次挑戰。

《突擊電路城》中的謎題與難關全都與博大精深的數據處理有關，要成功破解的話，記得準備好你的數學技能啊！

本書附有相關數學概念的詞彙表來幫助你完成挑戰，你可以翻到第44頁至第47頁查看。

突擊電路城

這是一個平靜的下午，你正在圖書館裏使用電腦做數學功課。當你準備給功課存檔時，屏幕上突然出現一個甲蟲圖案。
獲准更新
毀滅「電路城」的病毒已上載至57%，將於2小時內完成上載。
「電路城」是學校電腦網絡的暱稱。為什麼有人想要破壞這個網絡呢？你必須查出真相！
事不宜遲，請翻到第31頁展開冒險之旅吧！

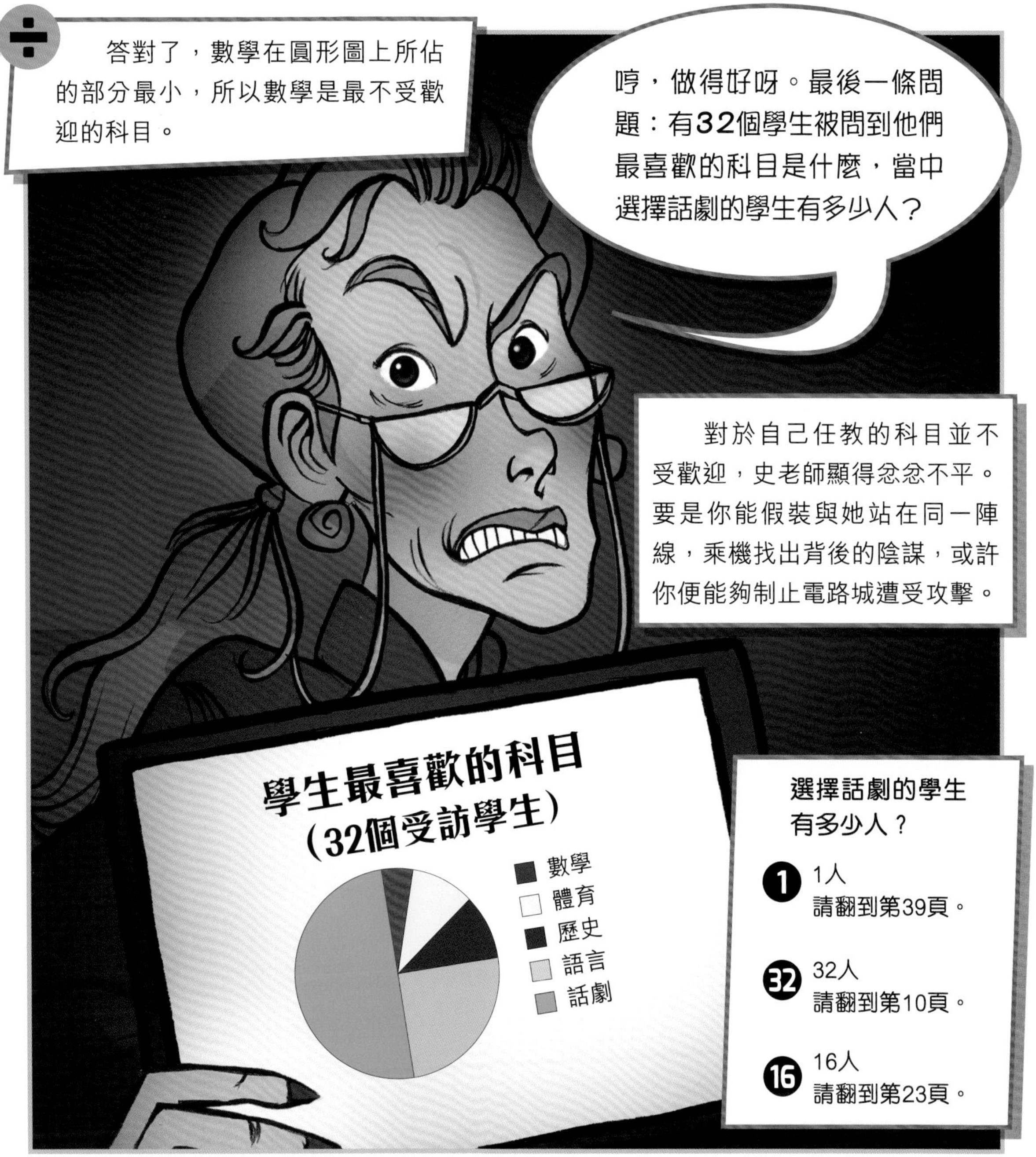
答對了，數學在圓形圖上所佔的部分最小，所以數學是最不受歡迎的科目。
哼，做得好呀。最後一條問題：有32個學生被問到他們最喜歡的科目是什麼，當中選擇話劇的學生有多少人？
對於自己任教的科目並不受歡迎，史老師顯得忿忿不平。要是你能假裝與她站在同一陣線，乘機找出背後的陰謀，或許你便能夠制止電路城遭受攻擊。
學生最喜歡的科目
（32個受訪學生）
數學
體育
歷史
語言
話劇
選擇話劇的學生有多少人？
1 1人 請翻到第39頁。
32 32人 請翻到第10頁。
16 16人 請翻到第23頁。

這是不錯的嘗試，但這個答案是按最不受歡迎到最受歡迎的飲品次序來排列的。請你返回第22頁再試一次。

答錯了，第1區在5天後會有5盞LED燈亮起。請返回第39頁再試一次。

不對呀！再數一次劃記符號吧。請返回第42頁。

答對了！有66個學生參加課外活動小組。大門打開，你及時逃脫了！
等到甲蟲走過後，你往門外一看⋯⋯
你聽見更多腳步聲往這邊逼近！

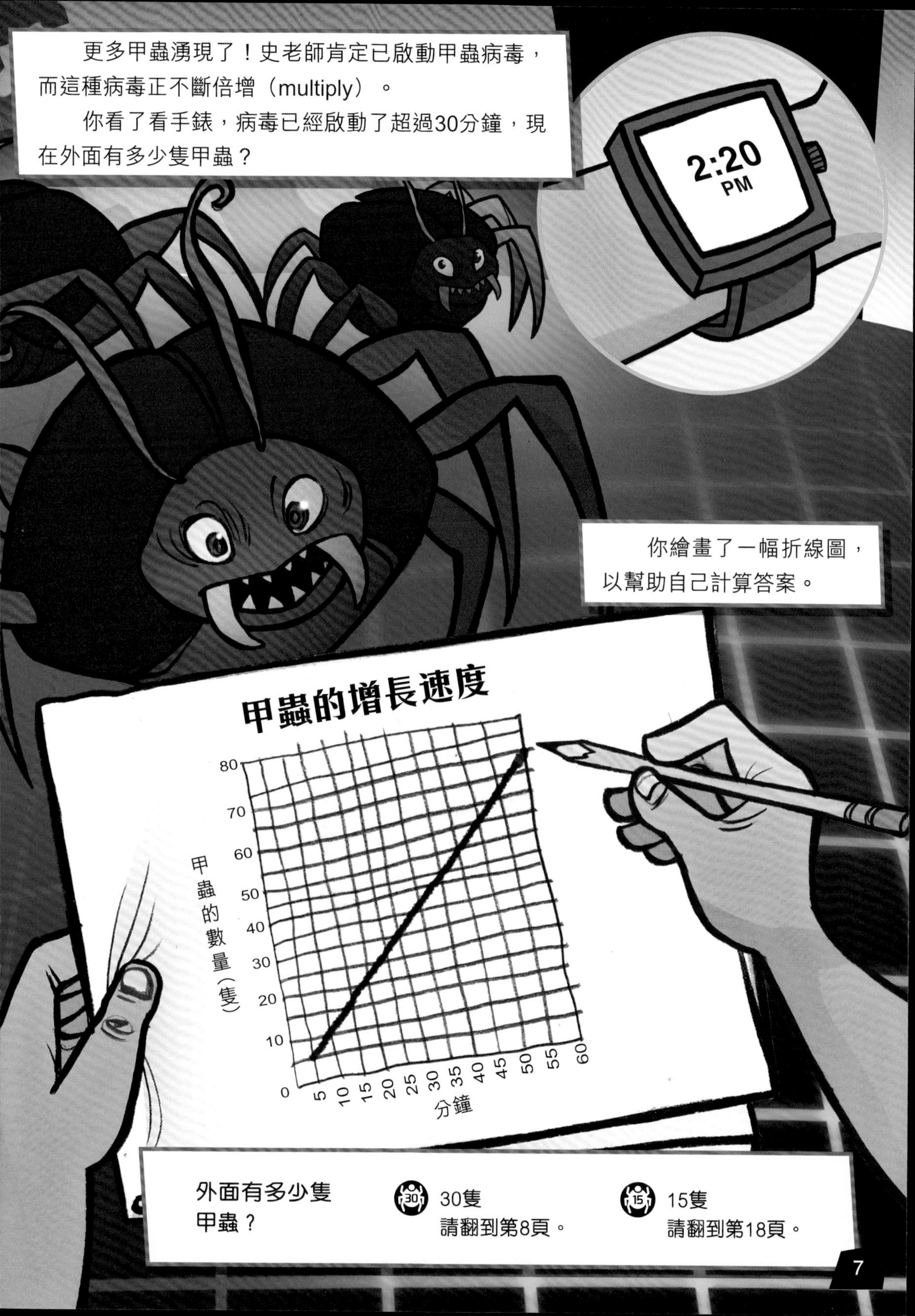
更多甲蟲湧現了！史老師肯定已啟動甲蟲病毒，而這種病毒正不斷倍增（multiply）。
你看了看手錶，病毒已經啟動了超過30分鐘，現在外面有多少隻甲蟲？
2:20 PM
你繪畫了一幅折線圖，以幫助自己計算答案。
甲蟲的增長速度
甲蟲的數量（隻）
80
70
60
50
40
30
20
10
0
5
10
15
20
25
30
35
40
45
50
55
60
分鐘
外面有多少隻甲蟲？
30
30隻
請翻到第8頁。
15
15隻
請翻到第18頁。

30
答對了！外面有30隻甲蟲正準備感染電路城的程式，你要加緊行動了。
突然，你身後出現某樣東西，把你嚇了一跳。原來是一個檔案！
跟我來，你就能搶先走在那些甲蟲前面了。
説明檔案
你跟着這個檔案走，不久便找到了一隻背上有屏幕的甲蟲，就像粉介殼蟲身上的屏幕一樣。你跳到甲蟲身上並牢牢抓緊牠。
如要讓病毒失效，請選擇最常見的甲蟲種類。
如要啟動病毒，請選擇最罕見的甲蟲種類。
甲蟲的種類
瓢蟲
叩頭蟲
金花蟲
天牛

請按下正確的按鈕，令病毒失效。

瓢蟲
請翻到第22頁。

金花蟲
請翻到第31頁。

天牛
請翻到第39頁。

再試一次吧，實驗室的互聯網用量是最高的，記住要看清楚棒形圖上的圖例。
請返回第19頁重新挑戰。

16

密碼錯誤。記住劃記符號的第五劃會橫亙在前四劃上，嘗試每5個一數吧。
請返回第33頁再試一次。

15

做得太好了！你重新設定了黃蜂蜂針的位置，牠開始修補電線了。

所有病毒已經失效，太好了！這時，你聽見森姆震耳欲聾的聲音傳來。

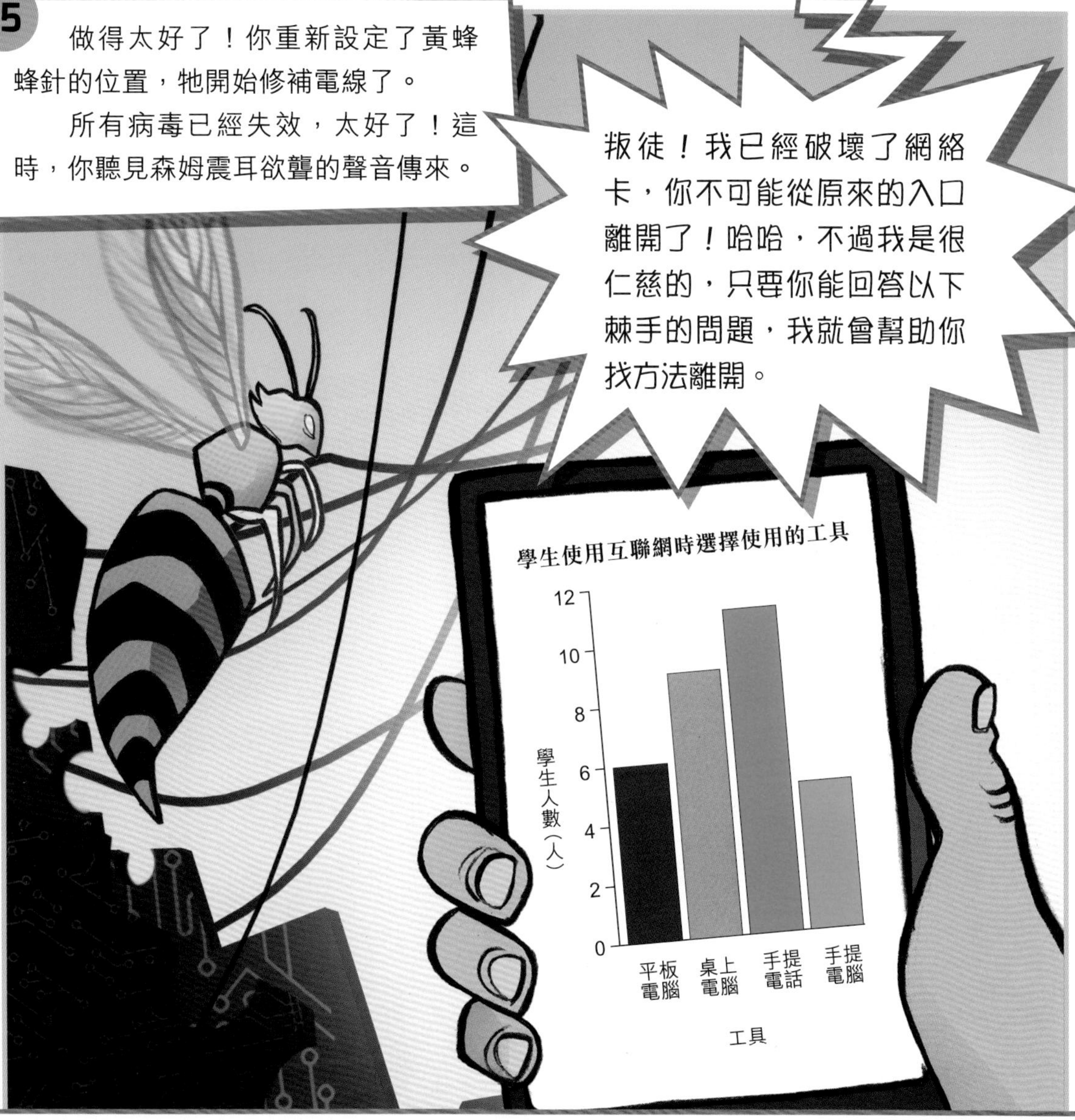

叛徒！我已經破壞了網絡卡，你不可能從原來的入口離開了！哈哈，不過我是很仁慈的，只要你能回答以下棘手的問題，我就會幫助你找方法離開。
學生使用互聯網時選擇使用的工具
學生人數（人）
0
2
4
6
8
10
12
平板電腦
桌上電腦
手提電話
手提電腦
工具

森姆給你傳送了一幅圖表，問道：選擇手提電話的學生比選擇手提電腦的學生多幾人？

6 6人
請翻到第39頁。

11 11人
請翻到第23頁。

10

答錯了。這幅折線圖展示了隨着時間經過會有多少個檔案被破壞。先在橫軸找出10分鐘，再看看縱軸上相應的數值來找出答案。請返回第38頁再試一次。

答錯了，病毒是在上午11時開始上載的。請返回第23頁仔細地再看一遍。16

答對了！森姆把出口設置在第3區——正是你身處的區域！趁史老師還未搶先一步把出口關閉，你要儘快離開。

史老師往一邊走，你則嘗試往另一邊走。終於，你找到出口的大門了，但它卻不斷遠離你。你突然想到一個可能奏效的方法。

森姆，我們來一場終極對決吧。你可以問我任何問題——如果我贏了，你就要讓大門停止移動；如果我輸了，我就會留下來，永遠陪你玩這個遊戲。

森姆覺得這個提議很好，他問了你一個問題，通常是再高兩個年級的學生才懂得回答的。

他問：哪一種統計圖能顯示出當一個變數（variable）轉變時，另一個變數也會隨之轉變？

折線圖
請翻到第33頁。

棒形圖
請翻到第20頁。

圓形圖
請翻到第36頁。

32

答錯了！32人是受訪學生的人數，當中有一半學生選擇了話劇。請返回第5頁再試一次。

30

再試一次吧！30隻是第1區和第2區的粉介殼蟲的總數。時間無多了，快返回第27頁，選擇正確的數字。

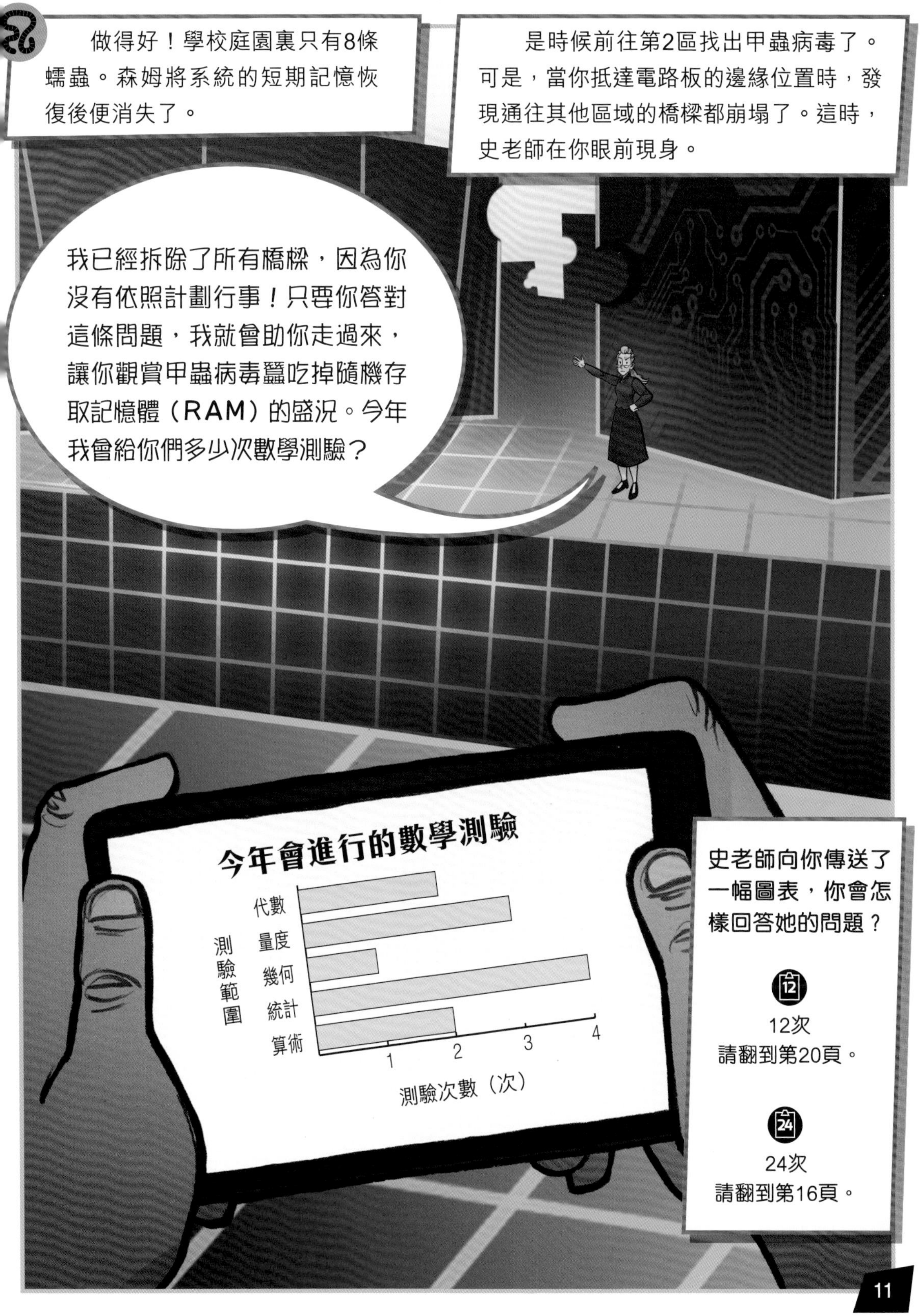

做得好！學校庭園裏只有8條蠕蟲。森姆將系統的短期記憶恢復後便消失了。
是時候前往第2區找出甲蟲病毒了。可是，當你抵達電路板的邊緣位置時，發現通往其他區域的橋樑都崩塌了。這時，史老師在你眼前現身。
我已經拆除了所有橋樑，因為你沒有依照計劃行事！只要你答對這條問題，我就會助你走過來，讓你觀賞甲蟲病毒蠶吃掉隨機存取記憶體（RAM）的盛況。今年我會給你們多少次數學測驗？
今年會進行的數學測驗
測驗範圍
代數
量度
幾何
統計
算術
1
2
3
4
測驗次數（次）
史老師向你傳送了一幅圖表，你會怎樣回答她的問題？
12
12次
請翻到第20頁。
24
24次
請翻到第16頁。

做得好，雖然你要先前往第3區，但這條路徑較短。
你用鋼纜建成了橋樑，並小心翼翼地走過去。
正確陳述：通往隨機存取記憶體（RAM）
錯誤陳述：通往中央處理器（CPU）
33個學生打網球
8個學生打曲棍球
學生在學校裏參與的體育運動
網球
欖球
足球
曲棍球
籃球
圖例：1個圖案 = 3個學生
史老師說過，甲蟲病毒正藏身於隨機存取記憶體裏。你往前跑，在分岔路口前停下來。
你會選擇哪個陳述？
33個學生打網球
請翻到第18頁。
8個學生打曲棍球
請翻到第37頁。

55

答案錯誤！請你把平板電腦和手提電腦的數量加起來，找出答案。請返回第31頁再試一次。

不對，你閱讀這個圓形圖的方式有誤。請你從面積最大、所佔百分比最高的部分開始，再觀察一次。請返回第32頁再試一次。

你用視像電話聯絡森姆——他接聽了！你發現這是內部通訊，可見他正在校園裏。
森姆，遊戲結束了，我們必須把史老師平安地救出來。我們能不能合作？
合作？我是個天才，不需要任何人幫忙。我會將最新的數學測驗成績傳送給你——你看見我的分數比其他人都高嗎？
學生的數學測驗分數
學生
森姆
貝絲
本恩
傑克
蘇伊
0 5 10 15 20 25 30
分數（分）

你點點頭。森姆的分數比第二高分的學生多幾分？

30分
請翻到第28頁。

27分
請翻到第26頁。

3分
請翻到第32頁。

A

答錯了，頻數表是一種有3個欄的圖表，包括選項、劃記及頻數。請返回第29頁再試一次。

75
沒錯！四分之三的學生，即75%的學生曾被黃蜂螫傷了。
這時，黃蜂開始瘋狂地快速飛行——究竟發生了什麼事？
森姆低沉的聲音這時傳來。
哈哈！我們改變了黃蜂的病毒程式來制止你。你剛剛再次啟動病毒了，而牠的破壞速度增加了一倍！

糟糕了！森姆肯定一直監視着你。你高呼求救，一個問號隨即出現了。
看來你很想擺脫這隻黃蜂呢，需要我幫忙嗎？
你問那個問號怎樣才可以令黃蜂病毒失效，它給予你相關指示。
每天觀察到的黃蜂和蜜蜂數量
數量（隻）
0
1
2
3
4
5
第1天
第2天
第3天
圖例
蜜蜂
黃蜂
你要分別找出3天裏觀察到的黃蜂數量和蜜蜂數量之間的差，再將3個數字相加，然後用黃蜂身上的鍵盤輸入答案。

你會輸入哪個數字？

4 輸入4 請翻到第21頁。

3 輸入3 請翻到第42頁。

5 輸入5 請翻到第37頁。

3
答對了！3個病毒已成功上載，不過森姆只是冷冷地瞪了你一眼。
我們會同時進入系統裏，我會啟動甲蟲，你負責啟動粉介殼蟲，誰先完成便可以啟動黃蜂。每種病毒都各有啟動指示的。
進入電路城
你確定要把自己上載到電路城嗎？
確定
這樣做或許會很危險，但這是制止病毒蔓延的機會，因此你同意前往。
隨着電腦倒數至0，你眼前閃起一道亮光，你和史老師都被吸進系統裏。請翻到第24頁。

24

答案錯誤。仔細看清楚橫軸，小心計算。請返回第11頁再試一次。

25

這是不錯的嘗試，不過要記住25%等於四分之一，因此你需要計算出60個的四分之一是多少。請返回第37頁重新挑戰。5

13
答對了！平均數是13隻（19+11+9=39，39÷3=13）。
你在鍵盤上輸入13後，那隻粉介殼蟲頓時動也不動。消滅了一種病毒，還有兩種等着你去解決！突然，一把響亮的聲音在整個系統內迴盪。
我早就知道了！你不是星級學生，沒有人能從我手上搶走這個名銜！要是這些檔案以為你是病毒，那會如何呢？哈哈！
那是森姆，他盯上你了！
你身邊的所有檔案都開始湧向你了。幸好你發現了一塊指示板，可以控制檔案下的運輸帶！

讓運輸帶往後移動：

請輸入第1區內的粉介殼蟲比第3區內的多幾隻。

讓運輸帶往前移動：

請輸入第2區內的粉介殼蟲比第3區內的多幾隻。

釋放至電路城的粉介殼蟲數量

區域	劃記	頻數
第1區	卌 卌 卌 ||||	19
第2區	卌 卌		11
第3區	卌 ||||	

10　28　2

你會輸入哪個數字？

10
請翻到第28頁。

28
請翻到第30頁。

2
請翻到第42頁。

33個學生打網球是正確陳述，因為圖表上每個圖案代表3個學生。你跟隨箭號的指示前往隨機存取記憶體。

甲蟲將沿途所有東西都吃掉，而牠正向你走過來。你發現了一道可以逃生的門，但需要按下正確的按鈕才能把門打開。

你應該按下哪一個按鈕，才能儘快避開甲蟲？

69，請翻到第23頁。

33，請翻到第41頁。

66，請翻到第6頁。

答錯了，你選了30隻，肯定是忘了計算其中一區的病毒數量。請返回第24至25頁再試一次。

再試一次吧！第2區在5天後只有1盞LED燈亮起。請返回第39頁重新挑戰。

不對，甲蟲的數量多於15隻，小心觀察折線圖。請返回第6至7頁再試一次。

做得好！最受歡迎的數學課題是量度，有12位學生選了這個選項。

你在電腦裏開啟了一張圖表，上面顯示了本周學校電腦的使用情況。不論是誰策劃這場襲擊，他一定花了很長時間來編寫電腦病毒。

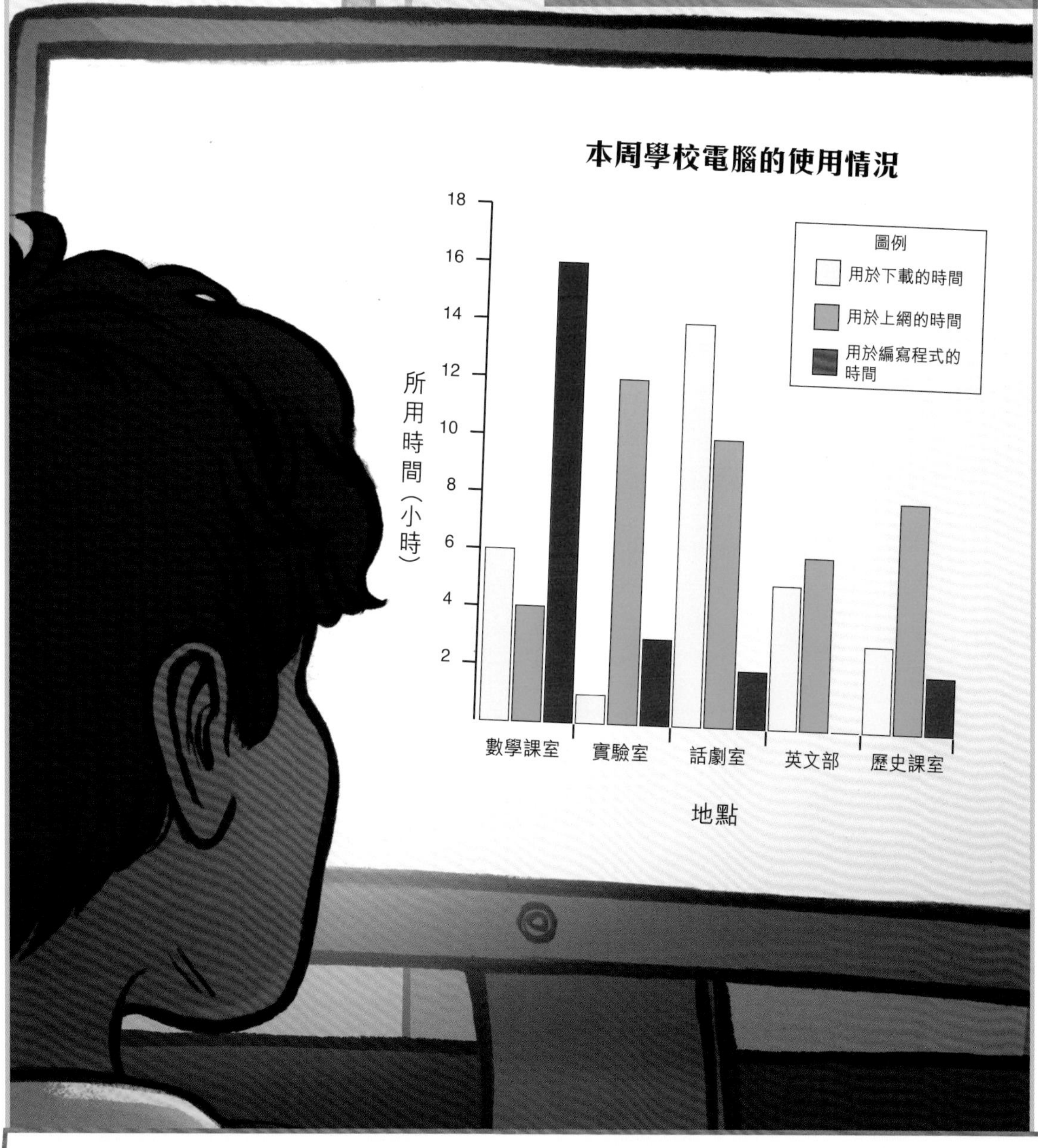

哪裏的電腦用於編寫程式的時間最多？

話劇室
請翻到第33頁。

數學課室
請翻到第29頁。

實驗室
請翻到第8頁。

12

答對了——今年會進行12次數學測驗。不過你對這些測驗毫不期待啊！

史老師把可以讓橋樑重新連接起來的指示給你後，便失去蹤影了。

你仔細地研究這些指示，時間無多了！

你現在身處第1區。如要前往第2區，哪一條路線所需的鋼纜數量最少？

⬅ 第1區→第2區
請翻到第38頁。

➡ 第1區→第3區→第2區
請翻到第12頁。

答錯了，你肯定是將部分數字相乘了，但你只需運用加法便能得到答案。請返回第24至25頁再試一次。

不對啊，棒形圖展示出不同長度的棒，每根棒代表着不同的數值。請返回第10頁重新嘗試。

84

正確——大門上共有84個劃記符號。你進入大門並旋轉到出口處，然後降落在數學課室裏，回到最初的位置上。

你先告訴格拉夫校長關於這場襲擊事件的經過。史老師仍在電路城裏，因此學校的網絡仍受威脅。

格拉夫先生撥打電話要求支援，而你利用他的電腦，找出森姆正身處在第13頁。

14

這是不錯的嘗試，但14個是病毒的總數，記得要看清楚圖例。請返回第36頁再試一次。

4

不對，4並不是黃蜂數量和蜜蜂數量之間的差的總和。請返回第14至15頁，重新逐一觀察每組棒的數值。75

對！瓢蟲是最常見的甲蟲。
你看見附近一個檔案上寫着「通往第3區的捷徑」，於是打開了那個檔案。
通往第3區的捷徑
糟糕了！這個檔案用鋼線將你緊緊纏住，令你動彈不得。突然，史老師出現了。
哈！看來你已經和木馬碰過面了……雖然粉介殼蟲和甲蟲已經失效，但黃蜂會完成任務的！

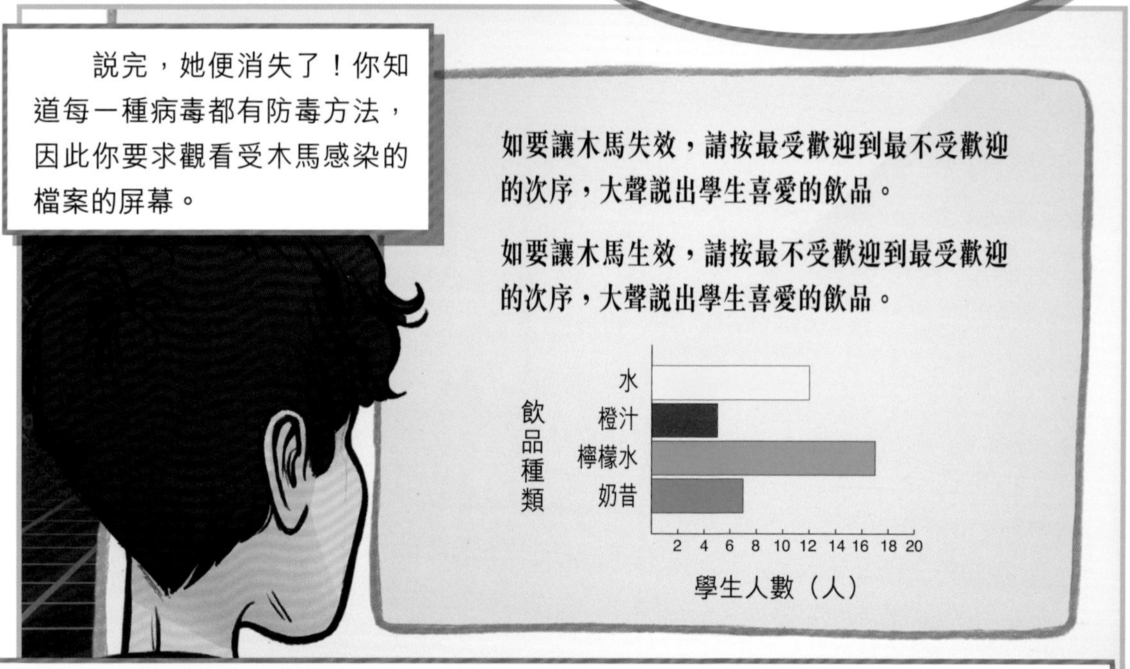
說完，她便消失了！你知道每一種病毒都有防毒方法，因此你要求觀看受木馬感染的檔案的屏幕。
如要讓木馬失效，請按最受歡迎到最不受歡迎的次序，大聲說出學生喜愛的飲品。
如要讓木馬生效，請按最不受歡迎到最受歡迎的次序，大聲說出學生喜愛的飲品。
飲品種類
水
橙汁
檸檬水
奶昔
2 4 6 8 10 12 14 16 18 20
學生人數（人）

請觀察棒形圖，然後小心地說出正確的答案。

A
橙汁、奶昔、水、檸檬水
請翻到第5頁。

B
檸檬水、水、奶昔、橙汁
請翻到第43頁。

C
水、奶昔、檸檬水、橙汁
請翻到第26頁。

16

答對了！圓形圖顯示一半的受訪學生選擇了話劇，而32人的一半是16人。這時，史老師請你望向她的電腦屏幕。

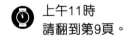

你決定假裝加入史老師的陣營，以找出更多關於病毒的資料。史老師為你的熱衷而顯露笑容，向你展示了她的病毒上載時間表。

病毒會在什麼時間完成上載？

- 上午11時 請翻到第9頁。
- 下午3時 請翻到第36頁。
- 上午11時30分 請翻到第30頁。

不正確，記住每個圖案代表2個學生。趁你還未被甲蟲吃掉，快回到第18頁再試一次！

11

差一點——這是選擇手提電話的學生人數，你需要找出這人數和選擇手提電腦的學生人數之間的差。請返回第9頁再試一次。15

咚的一聲，你降落在一個巨大的迷宮裏，它是由電路板、記憶晶片和電線組成的，裏面還有檔案、程式和編碼呼嘯而過。這裏就像一個城市——難怪會被稱為電路城！

隨着你的視線再次聚焦，你發現史老師已失去蹤影。你獨自沿着電路板上的一條小路走着，突然一隻粉介殼蟲平空冒出來——牠就是第一種病毒！

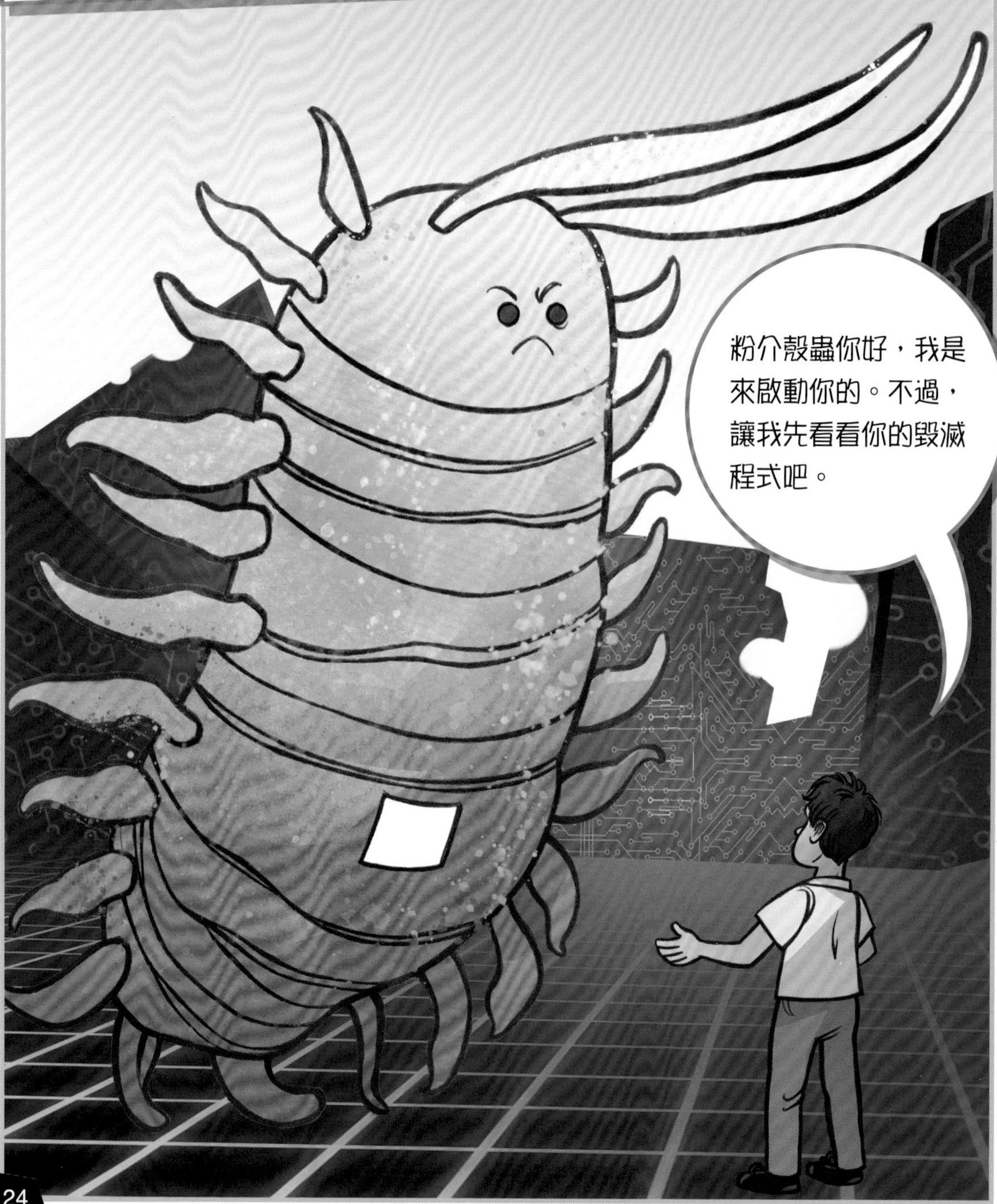

粉介殼蟲你好，我是來啟動你的。不過，讓我先看看你的毀滅程式吧。

粉介殼蟲身上的屏幕出現了一個表格，顯示了即將向電路城各區域釋放的粉介殼蟲數量。

釋放至電路城的粉介殼蟲數量

區域	劃記	頻數
第1區	卌 卌 卌 IIII	19
第2區	卌 卌 I	11
第3區	卌 IIII	

有多少隻粉介殼蟲會被釋放出來？

39隻
請翻到第38頁。

30隻
請翻到第18頁。

270隻
請翻到第20頁。

60

太厲害了！你能正確地閱讀那個棒形圖（bar chart）：平板電腦有35部，手提電腦有25部，合共有60部。

你打開了電腦室的門鎖，找到管控電腦。你移動滑鼠，屏幕出現要求輸入密碼的視窗。

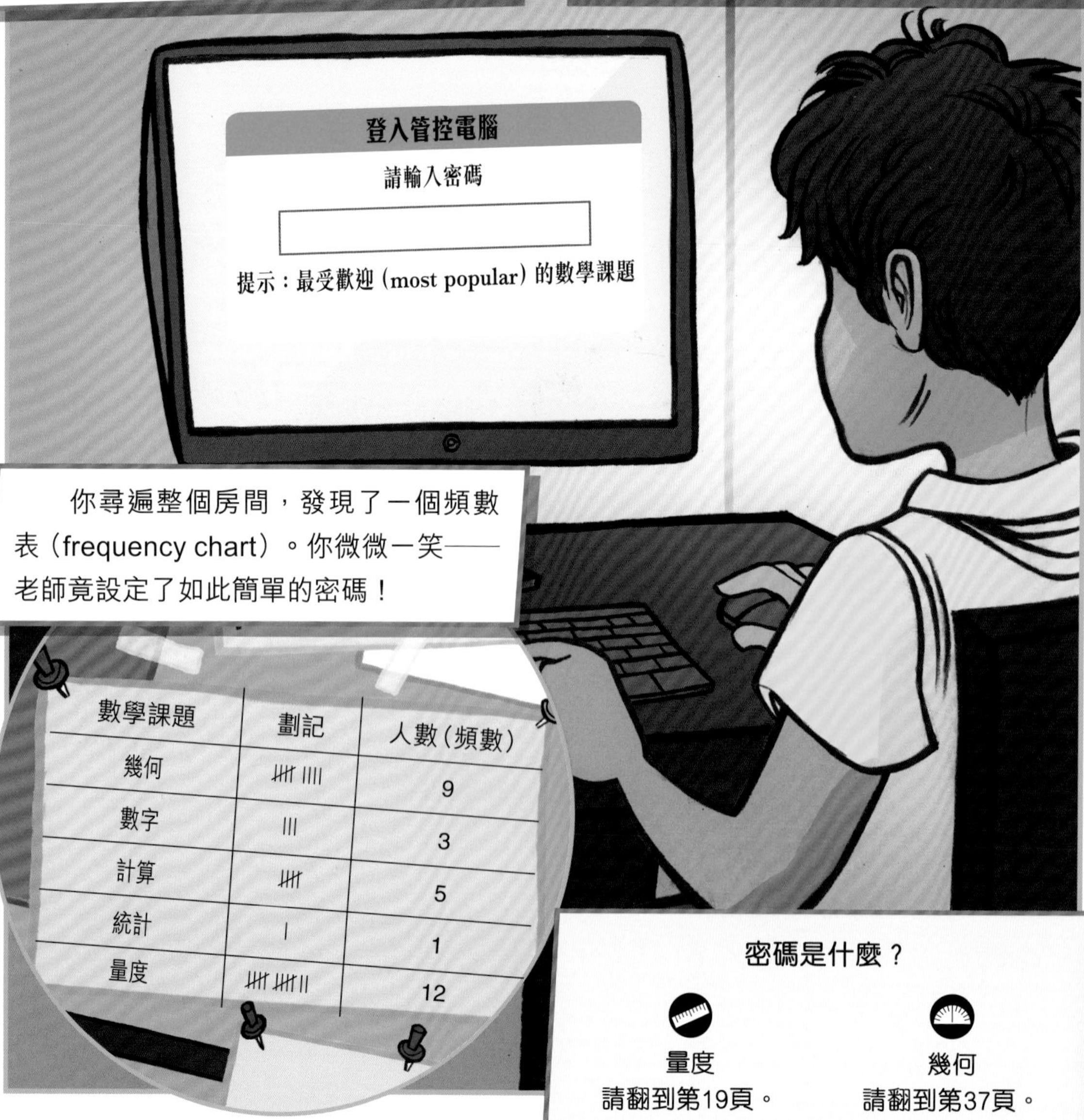

你尋遍整個房間，發現了一個頻數表（frequency chart）。你微微一笑——老師竟設定了如此簡單的密碼！

數學課題	劃記	人數（頻數）
幾何	卌 IIII	9
數字	III	3
計算	卌	5
統計	I	1
量度	卌 卌 II	12

密碼是什麼？

量度
請翻到第19頁。

幾何
請翻到第37頁。

再試一次吧！或許你最喜歡喝水，但水卻不是最受學生歡迎的飲品啊。請返回第22頁，再仔細看看圖表。

錯了！27分是傑克所得的分數——他就是分數第二高的人。利用這個提示，返回第13頁再次回答。

20

沒錯！在10分鐘內，1隻粉介殼蟲能破壞20個檔案，39隻便能破壞合共780個檔案！

你要求粉介殼蟲向你展示啟動病毒的方法。

如要使病毒失效，請輸入將會釋放至電路城各區域的粉介殼蟲的平均數（mean）。

如要啟動病毒，請輸入將會釋放至電路城各區域的粉介殼蟲的總數。

釋放至電路城的粉介殼蟲數量

區域	劃記	頻數
第1區	卌 卌 卌 IIII	19
第2區	卌 卌 I	11
第3區	卌 IIII	

1	2	3
4	5	6
7	8	9
	0	

你會輸入哪一個數字？記住，你要暗中令病毒失效啊！

30
請翻到第10頁。

13
請翻到第17頁。

9
請翻到第36頁。

25

答錯了！四分之三的學生曾被黃蜂螫傷。請返回第30頁再試一次。

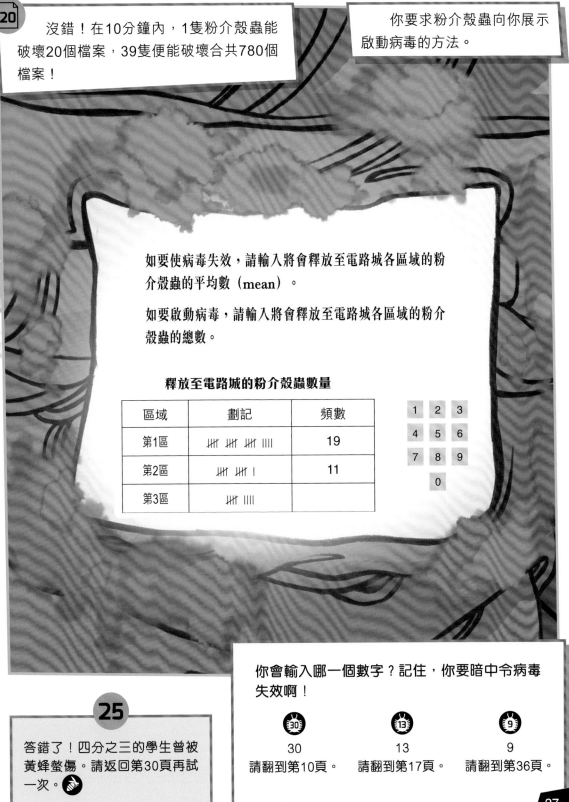

10

答對了！第1區比第3區多10隻粉介殼蟲——即19和9之間的差。運輸帶向後移動，送走那些檔案，你也是時候動身了。

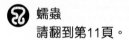

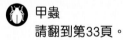

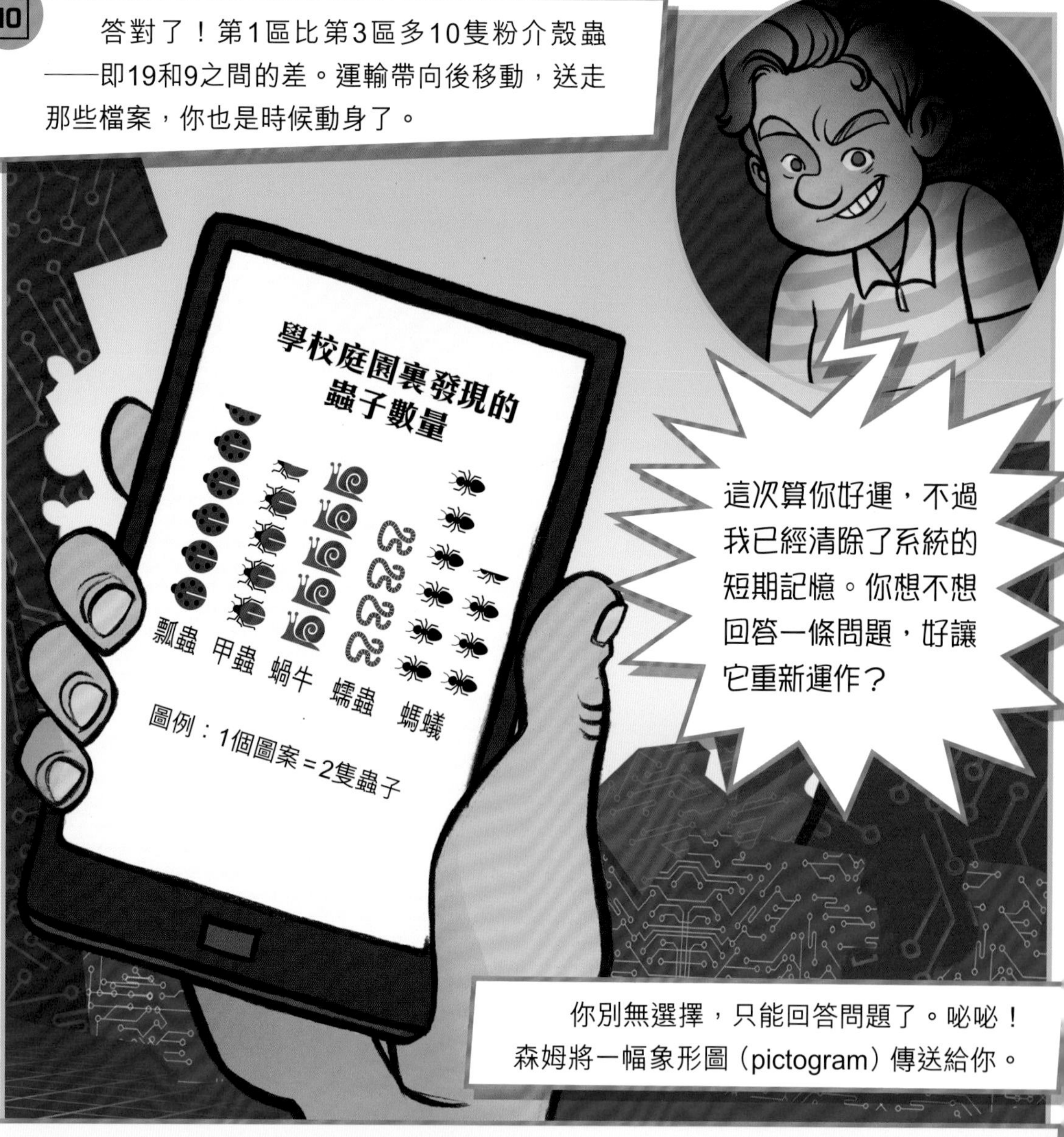
學校庭園裏發現的蟲子數量
瓢蟲 甲蟲 蝸牛 蠕蟲 螞蟻
圖例：1個圖案＝2隻蟲子
這次算你好運，不過我已經清除了系統的短期記憶。你想不想回答一條問題，好讓它重新運作？

你別無選擇，只能回答問題了。吣吣！森姆將一幅象形圖（pictogram）傳送給你。

他問：哪一種蟲子是最不常見（least common）的？

甲蟲
請翻到第33頁。

蠕蟲
請翻到第11頁。

答錯了！話劇是最受歡迎的科目，有50%的學生都選了這個選項——即是一半的受訪學生最喜歡話劇。再看一遍第41頁中的圖表，找出最不受歡迎的科目吧。B

不對，30分是森姆取得的分數。請返回第13頁再試一次。

做得好。有人用數學課室裏的電腦，花了很多個小時來編寫程式，那裏一定是電腦病毒的源頭！
你跑到數學課室裏，那裏的燈關掉了，但大門半開着。你走進課室裏，突然發現自己並非單獨一人——數學老師史老師正藏身於暗處。
我知道你釋放了病毒來襲擊電路城，為什麼你要這樣做？
學生最喜歡的科目
（32個受訪學生）
數學
體育
歷史
語言
話劇
嗯，你一直以來都是個好學生，如果你能答對以下3條難題，我就讓你參與我的計劃。第一條問題：這是什麼統計圖表？

你的答案是什麼？

A 頻數表
請翻到第13頁。

B 圓形圖
請翻到第41頁。

在千鈞一髮之際，你閃身避開了黃蜂的攻擊，並跳到牠的背上。這隻黃蜂翻了好幾個筋斗，試圖把你摔下來。
我的攻擊力很強，你是不可能阻止我的！
如要令病毒失效，請大聲說出有多少個學生曾被黃蜂螫傷。
如要啟動病毒，請大聲說出有多少個學生未曾被黃蜂螫傷。
曾被黃蜂螫傷的學生
曾被螫傷
未曾被螫傷
你一手牢牢抓住黃蜂，另一手找出牠身上的屏幕。

黃蜂正不斷旋轉。你的答案是什麼？

25 25%的學生曾被黃蜂螫傷請翻到第27頁。

75 75%的學生曾被黃蜂螫傷請翻到第14頁。

28

答案錯誤。你把第1區和第3區的粉介殼蟲數量加起來了（19+9=28）。你要找出兩個數之間的差。請返回第17頁再試一次。13

不對，第二種病毒在上午11時30分還在上載。請返回第23頁再試一次。16

電腦室裏放置了管控電腦，你決定先從那裏着手，以找出主電腦。電腦室的門用密碼鎖鎖上了，但你發現了一張説明如何解開密碼鎖的提示卡！

密碼是什麼？

55
請翻到第12頁。

60
請翻到第26頁。

45
請翻到第42頁。

再試一次吧！雖然金花蟲的數量頗多，但牠不是最常見的甲蟲。請返回第8頁重新挑戰。

不對，要看清楚縱軸的刻度。請返回第40頁再試一次。

正確！森姆的得分比第二高分的傑克多3分（30-27=3）。
櫥櫃裏傳來了一陣歡呼聲。當你打開櫃門時，發現了森姆，他觸碰了平板電腦的屏幕，被吸進裏面去了。你必須把他和史老師救出來！
格拉夫校長，我可以關閉電路城內的所有區域來困住他們，然後編寫一個出口把他們帶回來。你認為這個主意好嗎？
格拉夫校長點頭。你點擊了關閉區域的按鈕，隨即屏幕上出現了一系列的指示。
關閉電路城的區域
如要關閉所有區域，請依照各區域的大小，根據最大至最小的次序來排列。
第1區
第2區
第3區
你會選擇以下哪個次序？
第1區→第3區→第2區
請翻到第12頁。
第3區→第1區→第2區
請翻到第40頁。

對！折線圖上的數據（data）代表了橫軸（x-axis）和縱軸（y-axis）的變數之間的關係。

森姆讓大門停止移動，但他大笑起來，因為大門上有一個超級難解的密碼，是你永遠也無法猜中的！

出口大門
請輸入劃記符號（tally mark）的總數。

你需要數一數大門上有多少個劃記符號，並輸入相應的數字才能離開。

你會輸入哪個數字？

84 請翻到第21頁。

16 請翻到第8頁。

68 請翻到第43頁。

答錯了。話劇室的電腦用於下載的時間最多，用於編寫程式的時間卻很少。請返回第19頁重新挑戰。

不對呢！最不常見的蟲子指數量最少的蟲子。請返回第28頁再試一次。

45

還差一點點！45是曾被螫傷的學生人數，你需要找出有多少個學生未曾被螫傷。請返回第37頁。

正確！你打開了檔案D，將大門放在史老師與森姆身旁，他們踏進大門中。
嗖嗖！
史老師與森姆從數學課室的電腦中飛出來，剛好碰上了防止電腦犯罪小隊衝門而入。
二人還未找到機會逃走，便被戴上手銬，隊員把他們帶走問話。

恭喜你！你拯救了電路城！話劇學會的最後演出可以繼續上演了——你剛剛的演技不錯啊，應該嘗試參與試鏡的。
做得好！
電路城安全了！
你禮貌地微笑着——你的演技還未夠火候啊，而且這樣艱苦的挑戰經歷一次就足夠了！不過參加數學比賽似乎很有趣呢……

做得好！病毒上載會在下午3時完成。換言之，你只有2小時去拯救電路城！

史老師接聽了一通視像電話，一個名叫森姆的學生出現在屏幕上，他問你為什麼會在這裏。

史老師向森姆解釋，你是和他們同一陣線的。事實上，森姆的手臂受傷了，因此史老師需要你幫忙啟動病毒。

森姆一臉懷疑地打量着你，並向你挑戰，要求你找出已上載的病毒有多少個。

有多少個病毒已被上載？

14個 請翻到第21頁。

11個 請翻到第43頁。

3個 請翻到第16頁。

9

答錯了。要計算平均數，你需要將所有粉介殼蟲的數量加起來，再除以區域的數量。請返回第27頁再試一次。20

再試試吧！圓形圖是把一個圓形分成不同的部分來表示數據。請返回第10頁再試一次。

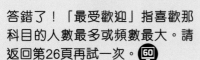

5
答對了！正確的數字是5（3 + 1+1 = 5）。黃蜂平靜地降落，並讓你從牠的背部下來。
謝謝你，剛才我的腦袋被病毒程式控制了。哎呀，我都做了些什麼？這些電線都損毀了。
也許我們可以把你的程式改寫，將這些電線重新連接起來。
如要讓損毀了的電線復原，請輸入未曾被螫傷的學生人數，以重設蜂針。
60個學生回應是否曾被黃蜂螫傷
曾被螫傷
未曾被螫傷
你向問號查詢這是否可行，它馬上告訴你一個方法！

在60個受訪學生中，有多少個學生未曾被螫傷？

25 25個 請翻到第16頁。

15 15個 請翻到第9頁。

45 45個 請翻到第33頁。

答錯了！「最受歡迎」指喜歡那科目的人數最多或頻數最大。請返回第26頁再試一次。

不對，你忘記了看圖例——每個圖案代表3個學生呢！請返回第12頁，別去錯了中央處理器。

沒錯！39隻粉介殼蟲將會被釋放至電路城。

接下來，你請粉介殼蟲向你展示一個病毒能破壞的檔案數量。一幅折線圖（line graph）出現在粉介殼蟲身上的屏幕。

在10分鐘內，粉介殼蟲能破壞多少個檔案？

10 10個
請翻到第9頁。

20 20個
請翻到第27頁。

不對！所需的鋼纜數量可以更少。請返回第20頁再試一次。

答案錯誤，要小心觀察那個棒形圖。請返回第40頁重新挑戰。

錯了，你沒有正確數算劃記符號。請返回第42頁再試一次。

6

答對了，11-5=6。

森姆煩躁地大吼大叫。突然，史老師現身了，向森姆高聲大喊。

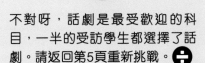

森姆，你或許阻止了這個叛徒離開電路城，但你也困住了我呀！
緊急出口在5天後有3盞LED燈亮起的區域出現
LED燈的數量（盞）
0
1
2
3
4
5
日數（天）
第1區
第2區
第3區

森姆向她道歉，說已打開了某區域的緊急出口，並在傳給你的圖表上顯示了位置。

你應該前往哪一區？

第1區
請翻到第5頁。

第2區
請翻到第18頁。

第3區
請翻到第10頁。

1

不對呀，話劇是最受歡迎的科目，一半的受訪學生都選擇了話劇。請返回第5頁重新挑戰。

答錯了！圓形圖顯示了4種甲蟲，最常見的一種在圓形圖中所佔的部分最大。請返回第8頁再試一次。

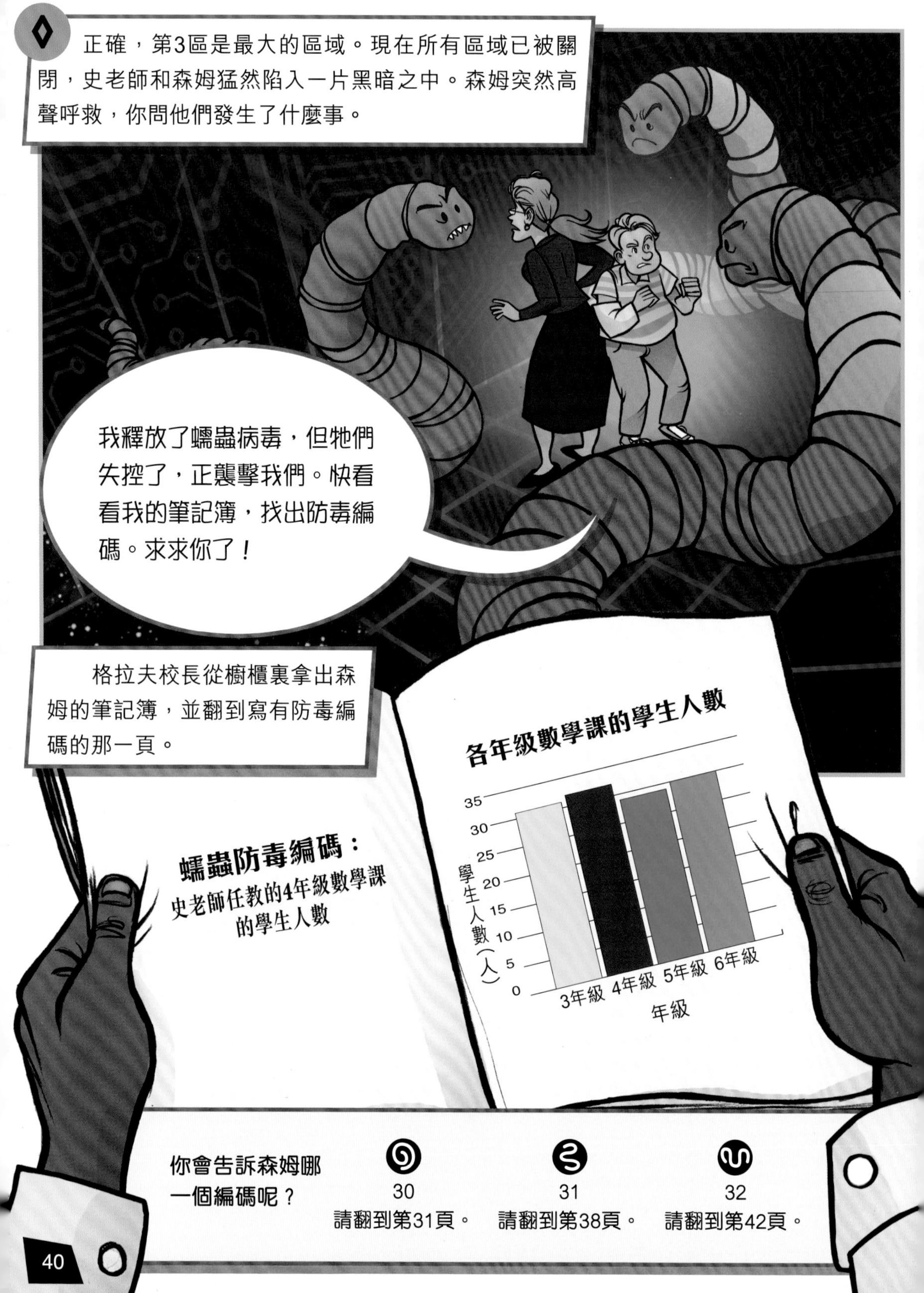

正確，第3區是最大的區域。現在所有區域已被關閉，史老師和森姆猛然陷入一片黑暗之中。森姆突然高聲呼救，你問他們發生了什麼事。
我釋放了蠕蟲病毒，但牠們失控了，正襲擊我們。快看看我的筆記簿，找出防毒編碼。求求你了！
格拉夫校長從櫥櫃裏拿出森姆的筆記簿，並翻到寫有防毒編碼的那一頁。
蠕蟲防毒編碼：
史老師任教的4年級數學課的學生人數
各年級數學課的學生人數
學生人數（人）
0
5
10
15
20
25
30
35
3年級
4年級
5年級
6年級
年級
你會告訴森姆哪一個編碼呢？
30
請翻到第31頁。
31
請翻到第38頁。
32
請翻到第42頁。

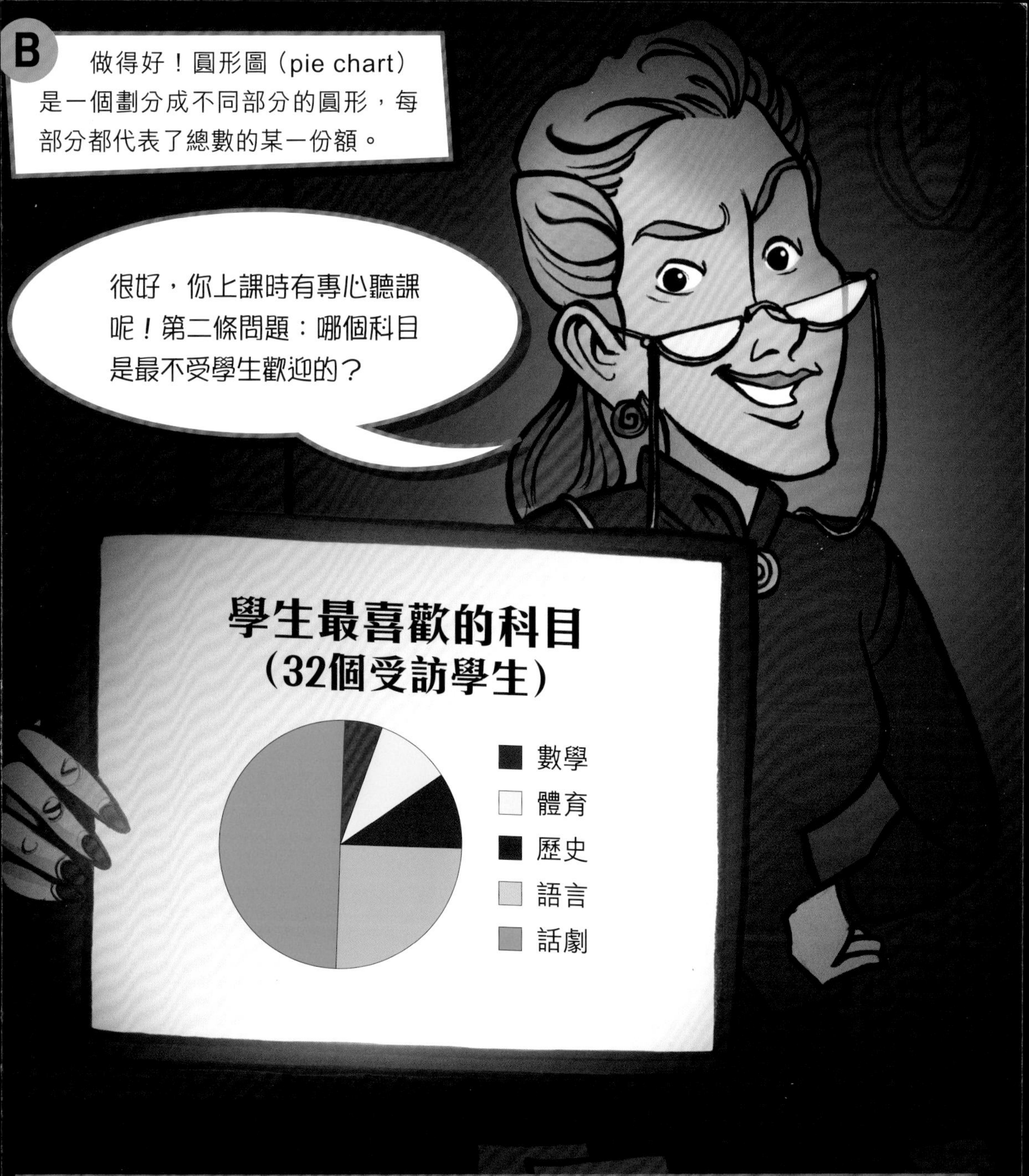
B
做得好！圓形圖（pie chart）是一個劃分成不同部分的圓形，每部分都代表了總數的某一份額。
很好，你上課時有專心聽課呢！第二條問題：哪個科目是最不受學生歡迎的？
學生最喜歡的科目
（32個受訪學生）
數學
體育
歷史
語言
話劇

請你小心觀察這個圓形圖，並回答史老師的問題。

數學
請翻到第5頁。

話劇
請翻到第28頁。

哎呀！仔細看清楚圖表中的數字和圖例。甲蟲正迅速逼近，快返回第18頁。

做得好！你將防毒編碼告訴了森姆，當他編寫好防毒程式，蠕蟲全都靜止了。

現在你需要指引史老師和森姆前往出口。哪個檔案包含了一個完整的大門？

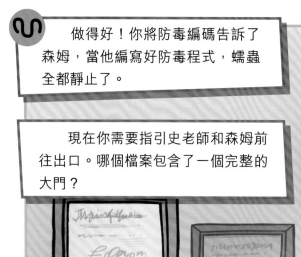

大門的檔案

檔案	劃記
A	卌 卌 卌 卌 ||||
B	卌 卌 卌 卌 卌 卌 ||||
C	卌 卌 卌 卌 卌 |
D	卌 卌 卌 卌 卌
E	卌 卌 卌 卌 卌 卌 |||

提示：1個大門=25個劃記符號

你會選擇哪個檔案？

▲ 檔案A 請翻到第38頁。

■ 檔案B 請翻到第5頁。

● 檔案D 請翻到第34頁。

45

不對啊！棒形圖的橫軸刻度是每5為一數的。請返回第31頁再試一次。

2

錯了！2是第2區和第3區內粉介殼蟲數量的差——這個選項會令檔案全湧向你啊！請返回第17頁重新挑戰。 13

3

不對，你只計算了圖表中第一組棒的數量差距。快返回第15頁再思考一遍。 75

B

答對了！喜歡檸檬水的學生最多，而喜歡橙汁的最少。那個受木馬感染的檔案把你釋放後便消失了。

你繼續在電路城裏穿梭，終於抵達了第3區，並在那裏發現許多折斷了的電線。

沒多久你便找到原因了——黃蜂病毒已被啟動，破壞了網絡與電線。你需要找到黃蜂身上的屏幕，於是你把電線的碎片擲向黃蜂。牠生氣了，把蜂針瞄準了你，然後往下疾衝……

快翻到第30頁，以免被黃蜂螫傷。

11

未曾上載的病毒（藍色圖案）才是11個。請回到第36頁，利用圖例幫助你回答。

68

密碼錯誤，記住每組劃記代表的數量是5。請返回第33頁再數一次。

詞彙表

棒形圖（bar chart）
將數據以棒狀圖形表示的圖表，每根棒都代表了不同的數值。

常見（common）
數學上，「最常見」的一項在圖表上是數值最高的；「最不常見」的一項則是數值最低的。

數據（data）
一組結果、分數或數字資料。

頻數表（frequency chart）
這種圖表展示出不同選項被選上的次數。

圖例（key）

圖表上的圖例是用以說明各符號所代表的意思。

折線圖（line graph）

這種圖表以一條線來展示兩種事物（變數）之間的關係。兩組數據的變數分別置於橫軸（x軸）和縱軸（y軸）中。

平均數（mean）

平均數即是平均的數值，計算方式是先將所有數值相加，再將總和除以項數。

乘或倍增（multiply）

一種運算方式，將同一個數重複相加若干次。

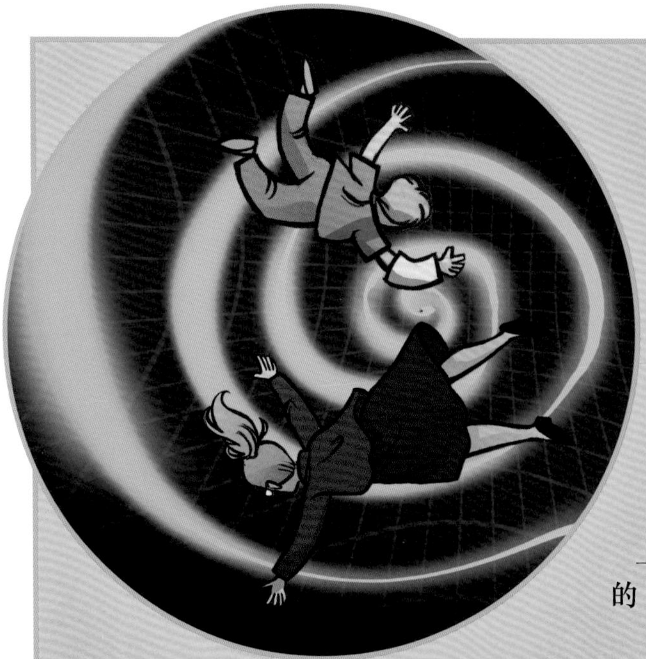

受歡迎（popular）

受歡迎的東西會經常出現。數學上，圖表中最受歡迎的類別即是最受人喜愛或最成功的。

劃記符號（tally mark）

用於記錄分數或數算事物數量的符號。第五劃會橫亙在前四劃上，因此劃記符號是以5個為一組的。「正」字也是常見的劃記符號。

象形圖（pictogram）

一種數學圖表，數據以圖案形式來表示，附有圖例。

圓形圖（pie chart）

這種圖表上的圓形劃分成多個部分，每部分是按比例展示出整體數據的某一份額。

變數（variable）

一種可表示數值的符號，而該數值能夠變化。

橫軸（x-axis）

圖表上的水平線，線上標註了數字，並由左至右順序排列。橫軸又稱x軸。

縱軸（y-axis）

圖表上的垂直線，線上標註了數字，並由下至上順序排列。縱軸又稱y軸。

給家長的話

《數學闖關遊戲》系列旨在透過引人入勝的冒險故事，鼓勵孩子發展及運用他們的數學能力。故事內容以遊戲方式呈現，孩子必須解決一系列的數學難題，才能向着精彩的結局進發。

《數學闖關遊戲》系列並不依循傳統閱讀的常規，孩子要按書中指示，根據問題的答案前後翻揭圖書。如答案正確，孩子便可進入故事的下一部分；如答案錯誤，孩子便要返回上一步，再次嘗試解題。書後附有詞彙表，讓孩子能更理解相關的數學詞彙。

協助孩子發展數學潛能小貼士

- 與孩子一起閱讀本書。
- 家長先解答書中首部分的問題，讓孩子了解如何閱讀本書。
- 陪伴孩子閱讀，直至他能自信地運用本書，可跟從指示找出下一個謎題或答案提示。
- 鼓勵孩子接下來自行閱讀，家長可問孩子：「書中現在發生什麼事？」讓孩子告訴你故事的發展，以及他們解決了什麼問題。
- 在日常生活中運用統計的技能，例如：出門時請孩子統計在路上看見的各種顏色的車輛，或數算一下家中的事物，例如窗戶與門的數量。
- 以統計和運算來玩遊戲。給孩子6個數字，例如孩子的年齡、購物物品的數量或遊戲得分，然後請孩子將所有數字加起來，再除以項目總數（在這個例子中是6），以計算出平均數。
- 一同利用物件或玩具製作頻數表。
- 最重要的是，讓數學變得有趣和好玩！